OF NEW CAPITAL PENJAB

le corbusier architecte parmi les hommes

르 꼬르뷔지에

군중속에 선 건축가

레베나|보두이|떼브네

rébéna|baudouï|thévenet

번역: SNU 공간조형설계 연구실

N · E · X · T · GENERATION

감수: 김현철 서울대학교 교수

Spacetime

르 꼬르뷔지에(Le Corbusier)

군중속에 선 건축가

번역: **SNU 공간조형설계 연구실**

감수: **김현철 서울대학교 교수**

1판 1쇄 2013년 11월 25일

발행인 **김기현**

발행처 시공문화사***(Spacetime)***

등 록 1993년 3월 12일

주 소 서울시 서대문구 독립문공원길17 극동프라자 5층(120-796)

전 화 02) 3147-1212, 2323

전 송 02) 3147-2626

ISBN 978-89-5592-276-2 93650

http://www.spacetime.co.kr, spacetime@korea.com

정가 10,000원

파리, 세브르街, 1951.
장관님이 방금 도착하셨습니다.
들어오시라고 하게.
아끼는 벗, 클로디우스-쁘띠!
자네가 델리로 떠나기 전에 인사하려고 왔네만...
네루 수상이 친히 나를 선택했다고 하는군...
인도에서 드디어 내 회심작을 지을 수 있게 된 셈이야.
내가 재건 도시 부장관으로서 자네를 항상 지지했다는 걸 잘 알고 있으시겠지...
그리고 나 개인적 자격으로도...
친구! 여기선 자네가 유일한 사람이었지만
자넨 여전히 신랄하고... 참을성이 없군.
...참을성이 없다고?... 적어도 이것만은 알겠지. 나도 이제 예순 네살이야. 또 운영해야 할 아뜰리에 도 있지!
...자넨 다시 일어서는 프랑스 역사의 근대화를 상징하는 버팀목이야!
...포기하지 말게!
잊지말게..여기 마르세이유와 롱샹성당 현장이 자넬 기다리고 있다는 걸
수많은 개인 의뢰는 말할 것도 없고 말일세...
...그렇지 ...,의심할 여지가 없지...그러나 찬디가르는 내 경력을 장식할 최고 역작이 될것이야!

델리, 1951년 11월.
네루 수상
르 꼬르뷔지에 선생은 세계에서 가장 권위있는 건축가 이십니다.
나는 찬디가르를 위하여 르 꼬르뷔지에 선생을 펀잡주 정부 건축고문으로 임명하였습니다. 찬디가르는 구습을 걷어낸 자유의 상징이 될 것입니다.
저는 이 과업에 저의 모든 지식과 감성 그리고 나의 심장까지 바칠 것 입니다.
저는 찬디가르가 나무와 꽃과 물의 도시가 되도록 하겠습니다.
펀잡, 공사현장
사촌, 자네 오기만 노심초사 기다렸다네.
자네 집을 현장 복판에 마련해 두었네, 자넨 작품 바로 아래서 지내게 되네
삐에르, 말해보게. 현장에서 작업할 인원이 얼마나 되나?
하루 오천명 남짓이야.
벌써 이 지역에서 다른 프로젝트 주문도 받았지…
삐에르 쟌느레
다행이야, 이젠 그 동안의 실패 기억으로 괴로와 할 일이 없겠지…
모욕과 빈곤에 빠진 이 곳에서 건축이 죽은 껍질을 깨고 나오게 하고 싶어.
찬디가르는 세계에서 가장 독창적인 도시가 될 거야…
PLAN OF NEW CAPITAL PUNJAB
단순명료함 속에서, 사는 즐거움을 실현시키기 위한 건설! 바로 그거야!

마르세이유,
1952년 10월14일.
굉장한 날이야.
이걸 위해 7년간 고군분투했어야 했지.
칠년동안 소동과 질시와…
유니떼(unite)를 기어이 실현시키기 위해!
저는 노출콘크리트로와 현대 기술로 견고할 뿐 아니라, 인간 척도에 맞추어 지은 이 유니떼 다비따시옹을 여러분께 헌정하게 되어 기쁘기 그지 없습니다.
이는 이시대의 감각적 자원을 주거 서비스에 바치기 위함이며…
테라스를 구비한 아파트 337채가 2채씩 짝지어 있고, 상가와 탁아소, 유치원, 수영장, 도서관, 체육관 …
모두 2000 주민을 위해…
나의 건축은 혈관과 림프기관, 호흡기를 갖추고 있는 살아 있는 유기체와 같습니다.
…모든 건축과 도시계획, 그리고 디자인은 인간 척도에 맞추어 결정 되어야 합니다…
… 구조체계는 필요에 의해서 정해져야 하지요.

*Rébut 레뷔는 허접쓰레기라는 뜻이기도 하다.

브라싸이 우리들은 모두 창조자라네… 지금 이 순간 우리들 두 사람은 저 동일한 수평선에 대해 나름의 시각을 가지고 있다네 …
우리가 사는 이유, 그건 사물에 대한 시각 때문이지.
이 고동 껍질을 보게, 모든 게 보아야 할 것이고 관찰해야 할 대상이지.
이건 자연 법칙을 간직하고 또 표현하고 있네.
자연을 관조하고, 탐구하고 그 가르침을 수용해야 하네. 이것이 하나밖에 없는 진정한 교육이지.
이 조개껍질을 벌써 여러 해 전부터 모으고 있다네… 또 나무조각… 푸줏간에서 나오는 뼈도 수집하고 있지…
그래?
…뼈, 그건 명상하는데 아주 좋다네.
…
그리고 자네 계획이 뭔가?
꿔뛰리에(Cuturier) 사제님이 내게 수도원 설계를 맡기셨네.
…
…
리옹(Lyon) 근처에
이 오두막집과는 다르지만 둘다 수도시설이긴 마찬가지야!

인도.
나는 온 천지를 누비고 있어. 내 아뜰리에 보다 밖에 더 자주 있어!
르 꼬르뷔지에, 형은 세계를 건설하고 있어. 여긴 형을 필요로 해...
... 그리고 유럽에서도!
찬디가르 다음엔 ... 아메다바드야
삐에르 쟌느레
형의 신념이 드디어 현실로 이루어졌어!
실짓는 이들의 궁전! 내가 꿈꿔온 대로야...
여기에는 문도 창도 없어. 삶을 향해 열려있는 궁전이라고나 할까.
삐에르. 우린 드디어 새 시대로 들어서게 되는 거야.
이 빛을 봐! 빛은 항상 나를 매혹 시키지.
그림자 그리고 빛.
시...
...직각에 관하여

롱샹, 1954.
목재 거푸집이 완성되었습니다.
훌륭하군.
저 범상한 지붕 모양은 어디에서 왔는가?
게에서죠.
...게 껍질 말입니다.
재미있군!
...자연에 있는 형태는 깊은 정신적 가치를 가지고 있어요.
...신자는 아니지만...
...저는 정신이 가지고 있는 능력을 압니다.
... 마르세이유 롱샹 점점 파리에 가까와 지고 있어...
...그러나 파리는 나를 거부하지.
파리가 선생님을 좋아하지 않아요?
... 아직은 아니거나 아니면 영원히 아닐걸세...

파리 1953년 11월.
현대 미술관
전시회 르 꼬르뷔지에 회화 조각
르 꼬르뷔지에 선생님, 여기 파리에서 마침내 대대적인 전시회가 당신에게 헌정되었습니다.
나는 대중에게 건축을 넘어서 있는 모습 그대로의 나를 보여주고 싶소.
장관도 담당 공무원도 보이질 않는군요... 당신에 대해 유감이 많답니까?
늘 이런 식이지요... 마르세이유를 설계한 공로로 레죵도 뇌르를 받았소 ...
... 그러나 그와 동시에 소송세례도 받았죠...
펀잡의 최고 지도부들은 내 작업을 인정하고 있소... 그리고 오늘, 이곳에 장관은 한명도 나타나지 않았고...
장관을 모셔오는데 성공했나?
아무도 대답 안해요.
... 꼬르뷔지에와 라면 항상 이런 모양이라니까!
... 앞으로 지구를 몇바퀴나 더 돌아야 이곳이 내게 귀를 기울일까? ...

딩동
딩동
... 르
꼬르뷔지에
선생님?
...
저는
신문...
기자...
꼬르뷔지에
선생은 안계시오!
...
그리자
...
...
그려야 한다.
그리자.
파리, 1919
샤를르 에두와르, 내 친구,
오직 그림 그리면서만
자유로울 수 있지!
아메데 오장팡
토마스 갤러리
회화
1918.12.22~1919.1.11
전시회
오장팡 과 쟌느레
초대장
잡지를 하나 창간
하려는데 어떻게
생각하나?
...
국제적 미술
잡지를 말일세.
만드세.
아메데, 만들어!
...
새 정신
이 깃든!
피카소,
그리,
정말
좋아!

딩동
딩동
...르 꼬르뷔지에
선생님?
어서
...
들어
오시지요.
... 헌데...오늘
아침에 선생님께
여쭸을때는...
난 아침에는
쟌느레고
오후가 되야
르 꼬르뷔제요.
르 꼬르뷔지에는
예명이지요.
뭔가 절실한 다른
것을 생각해야
할 때는 거리를
두어야 한다오.
...
... 미래와
과거가
결합된...
... 그리고
아침에는
쟌느레 선생님
이 그림을 그리셨
다고요?
...
내
시리즈
작품이오...
뉴욕에서
전시할
예정이라오.
우린 지금
건축가 르 꼬르뷔
지에로 부터는 멀리
있는 겁니까...?
르
꼬르뷔지에
는 건축
을 하고.
쟌르레는
항상 그림을
그린다오...
쉬지 않고.
그럼 그림은
왜 그리나요?
...그건 죽은
나무 등걸이나
조약돌, 그리고
황소에게 다가
가는 일
이라오.
네?
...
황소
그건 힘이자
경건함이지요.
나는
일요화가라오, 그것이
나의 건축 작업에
자양분을 제공 한다오.
...

브뤼셀, 1956.
르 꼬르뷔지에 선생님 다음 만국박람회는 이곳 벨기에에서 열릴 예정입니다. 선생님께서 우리회사 전시관을 설계해 주셨으면 합니다.
루이 칼페
필립스 전시관을...
이번 박람회는 세기의 전환점이 될 겁니다. 그리고 선생님은 근대를 상징하는 분이십니다.
칼프씨, 뭐라 답해야 할지 모르겠습니다... 생각할 시간을 주십시오.
저는 아직 새 유니떼 다비따씨옹을 더 지어야 하고, 더구나 인도 현장 때문에 여념이 없습니다.
1937년 박람회 때, 프랑스는 저에게 말석 한 자리 내 주었을 뿐입니다.
염려하지 마세요. 필립스 회사는 선생님께 모든 자원과 최첨단 기술을 제공할 것을 약속합니다.
파리 세브르 아뜰리에.*
칼프씨, 수락 하겠습니다.
정말 기쁩니다.
그 건물은 돈이 거의 들지 않을 것입니다. 그 건물은 건축이 존재하지 않는 비어 있는 구조물 모양이 될 것입니다.
?
박람회장은 내가 "전기의 시"라고 이름지은 조형적이고 음향적이고 색이 가득찬 전시품을 전시할 겁니다.
전기의 시리고요?
덧붙여 바레즈씨가 음악작품을 작곡하기로 약속했다는 것도 알려드립니다.
바레즈?
현대 음악가 바레즈 ...그와 함께 하든지 나 없이 하든지.
1956년, 11월.
바레즈씨. 당신 음악은 어둠과 밝음,검정색과 흰색, 빨강과 노랑과 파랑색이 연이어지는 가운데 연주될 것입니다.
이미지를 영사해서 우리시대의 활기찬 모습을 보여줄 것 입니다.
... 제 아뜰리에엔 그 음악에 모든것을 쏟아부은 작곡가가 있습니다.
이름은 이아니스 제나키스
이 친구가 당신에게 쓸모있을 겁니다.

브뤼셀, 1958년 4월.
만국 박람회장
원자관
빠비옹 필립스
제나키스는? 가서
얼른 찾아
오게!
제나키스,
내가 없는
동안
필립스와
접촉했다
는데?
선생님,
선생님은
인도에
계시고,
공사는 진척
되어야 하겠고!
자네가 자네이름을
전시관에 새겨야 한다고
주장했다는데... 자네가
이 건물의 건축가라는 건가?
그게...
그건...
이 전시관은 필립스와
르 꼬르뷔지에 그리고 바레즈
의 작품일세.
...
...그런데...
어쨌든
...
나역시
젊은 시절에는
무척이나
참을성이
없었지...
... 필립스사와 만나서
자네이름을 ...
어디에...어떻게
올릴지 논의해
보도록 하지.

빠리, 1959년 12월.
말로씨, 당신이 빌라 싸브와 저택 철거를 막아내 주었소.
...
조금 걸으시겠습니까?
기꺼이.
내겐 재단이 필요하오.
...
...좋은 언론 기관이 없다는 걸 잘 아실거요.
그러니까... 르 꼬르뷔지에 재단을 상상해 보시오!
내가 놀라게 했을거요... 그러나 건축이 건축가보다 먼저 죽을거요.
너무나 자주 무관심이 명예를 이겨내고 있소.
...제가 듣기로는 선생님께서 그랑빨레를 철거하고 싶어하셨다던데요...
... 그 역시 내 뜻이 잘못 전달된거였소.
새로운 도시계획을 수립해야 한다는 거였소.
나는 모든 것을 설명할 수 있도록 대기하고 있었소.
... 싸우기 위해서도...
"겁을 먹기 보다는 싸우는게 낫다."
간디가 말했지요.
...차라리 네루보다는 간디를 만났었어야 하는건데...
진정하세요. 르 꼬르뷔지에는 그가 이룬 것 그 자체입니다.

파리. 문화성.
진리는 겉모습 저 너머에 있습니다.
...예술가의 임무는 그걸 증명하는 것이지요.
건축 그것도 보이는 걸 너머선 그곳으로 나아가야하오.
... 불안스럽긴 하지만 비종교적인 초월성을 믿소.
이런 정신적 차원을 인도에서 체험해 보았소.
저 역시 그걸 느껴 보았습니다.
...선생님과 같이 저 역시 찬디가르를 굽어보았을 "평화의 손"이 건설되지 않아 유감입니다.
그것이 언제나 이루어 질런지 ...
동양으로부터 우리에게 빛이 비추어졌습니다... 언젠가는 그 손이 실현될 것이라 믿습니다.
나도 그게 성취되는게 소원이라오.
르 꼬르뷔지에 선생님, 제게 파리에 미술관을 하나 지을 계획이 있습니다. 나중에 다시 이야기 하지요.
파리는 항상 나를 피해갔소.
... 사람들은 내가 너무 과격하다고 불평하지.
... 우리 신념의 가치를 드높이 올리기 위해서는 과격해야 합니다.

라 뚜렛뜨 수도원,
1960년 10월.
... 나는 이 시대의 사람들이 가장 필요로 하는 것을 위해 일했습니다...
...
고요와 평화.
...내가 아는 파리는 그걸 모르지...
...
하지만 오르세역 대신에 호텔과 문화센터를 설계해달라는 의뢰가 왔다는군 그래.
안 될 것도 없지!

나는 충분히 수도사의 영혼을 가졌어, 그런데 직업상 회개할 줄 모르는 여행객이 되도록 하네. 방황하는 은둔자의 돌멩이처럼...
캐임브리지, 하바드대학
미 대륙도 이제 르 꼬르뷔지에의 작품을 가질 시기가 되었다...
시각 예술관
브라질리아
신사여러분, 우리 브라질리아의 미래를 꿈꾸기를 수락해주신 것은 실로 영광입니다.
오스카 니에메이어
유셀리노 큐비체크 데 올리베이라*
*브라질리아를 실현시킨 브라질 대통령
베니스
... 이 도시의 문화재를 구해내야 합니다!
빠리, 현대미술관
아, 순수주의 (퓨리즘 Purisme)!
...이 시대의 새 정신 (레스프리누보)은 한 사람에 의해 지탱되었다...
...르 꼬르뷔지에 !
...장관님들, 정무차관님들... 이번에는 이들 모두 여기 모였네.
...저는 선생님이 20세기 미술관을 설계해주시기 바랍니다. 상상의 미술관, 정신 속에서 끝없이 확장해가는 미술관을...

강력한 장소가 필요하오. 미술관의 정신을 상징할 수 있는 그런 장소가...
라데팡스 앞에 있는 롱뽀엥이 어떨까요?
장관님, 파리의 심장부라 할만한 장소가 필요하단 말이오. 예를 들어자면 그랑빨레 같은... 기억나시오?
피렌체
선생님은 여기서 우리 시대 가장 위대한 건축가, 도시계획가로 봉헌 되었습니다.
...그런데 나는 칭송이나 받으려고 여기에 있는 것이 아닐세. 일하기 위해 온 것이라네.
...나는 이제 늙은 소나무나 늙은 야자수 같은 신셀세....둘 중에 하나에는 해당되겠지.
세브르 아뜰리에
이 아뜰리에는 내가 없어도 존속할 수 있을까?
...친애하는 사우(社友)들이여...
...이것만 기억해주시게 : 규칙성, 계속성, 끈기 있음.
이본느(Yvonne)도 죽었고 우리 어머니도 돌아가셨어...
...나는 세계곳곳에 두루 건축물을 지었지만 가장 혁신적인 작품이라 할만한 것은 실현하지 못했어.
파리 작품은 포기한다. 말로(Malaux)는 낡은 돌로 된 파리를 더 좋아해...
...네루도 더 이상 내 편지에 답하지 않고...
나에겐 형 알베르와 내 오두막방 만이 남았을 뿐이야!!

로끄 브륀느-캡-마르뗑.
쇼-드-퐁의 장식미술학교, 1906.
쟌느레, 이 시계 껍질에 새긴 부조를 치하 한다.
레쁠라뜨니에 선생님, 절 부르셨어요?
쟌느레! 너는 건축가가 되어야 한다.
...그러나 그전에 너에겐 여행이 필요하다.
피렌체, 샤르트뢰즈 뒤 발 데마, 1907.
베니스, 1908.
비엔나, 1910.
아테네, 1911.

빠리, 1909.
오귀스트 뻬레
제군들 건설하고 또 건설해야 한다.
콘크리이트
...이야말로 자유를 필요로 하는 우리시대가 이룩한 진정한 혁명이다.
빠리, 살롱 도똔느, 1922.
...지금까지의 도시는 현대생활이 가져온 변화에 응답할 수 없었습니다. 대수술을 해야 합니다.
"300만이 주거하는 현대도시" 만이 현대 산업 도시가 필요로 하는 수요에 응할 수 있습니다.
저런
미친놈,
혁명가,
공상가.
1965년 8월 27일

1965년 9월 1일
루브르, 꾸르 까레
...어느 누구도 이같은 힘으로 건축 혁명을 표명할 수 없었습니다. 왜냐하면 어느 누구도 이렇게 오랫동안, 이렇게 꾸준히 모욕받지 않았기 때문입니다...
세계의 수도 여러 곳을 건설한 건축가였던 그가 외로운 오두막에서 쓸쓸히 죽었습니다.
생전에 그는 이렇게 썼습니다. "인간이 추구하는것 , 그것은 그 자신에게, 공동체에게, 자연에게 그리고 아마도 우주에게 자신을 조화시키는 것이다."
그의 모범을 좇아 건축이 바뀌었다. 그러나... 그 자신 역시…
≪그리고 우리는 이렇게 싸운다. 끝없이 우리를 과거로 밀어내는 역류에 맞서는 조각배처럼…≫
F.스코트 피츠제랄드(SCOTT FITZGERALD) "위대한 게츠비"

Le Corbusier

chronologie

르 꼬르뷔지에 연대기

● 샤를르-에두아르 쟌느레(왼쪽), 형 알베르와 부모 조르쥬-에두아르와 마리-샤를로뜨 아멜리 쟌느레와 함께
● 샤를르-에두아르 쟌느레(왼쪽), 형 알베르와 함께

1887년 10월 6일. 스위스 시계 도시 라 쇼-드-퐁 La Chaux-de-Fonds에서 시계 칠보 장식가인 아버지 죠르쥬-에두아르 잔느레와 피아니스트이자 음악 교사인 어머니 샤를로뜨 아멜리 뻬레의 아들로 태어났다. 그는 둘째 아들이었고 형 알베르는 그보다 18개월 연상이다.

1891년 8월 31일(4세). 샤를르-에두와르, 루이즈 꼴렌 양이 산업 일꾼으로 투신하고자 하는 학생들을 위하여 운영하는 샤뻬르가 12번지 소재 《도덕 교양 사립학교》에 입학하다. 어린시절부터 그림에 특별한 관심을 보이다.

1900년(13세). 초등, 중등 교육을 마친 샤를르-에두와르 잔느레, 시계 기술자와 장식가를 양성하고자 설립한 라 쇼-드-퐁 예술학교에 입학하다. 이곳에서 같은 학교 교사인 샤를르 레뺄라뜨니에Charles L'Eplattenier의 눈에 띄다. 그를 통해 자연의 아름다움을 발견하고 그것을 자신의 영감의 원천으로 삼도록 인도 받는다.

1902(15세). 시계 케이스 조각공 도제 교육 중 밀라노 국제 장식 미술 전람회에 은, 동, 금으로 조각 장식한 시계를 출품, 우수 작품상을 수상하다.

1903(16세). 샤를르 레뺄라뜨니에 선생님의 권유로 진로를 바꾸어 건축가 교육을 받기로 하다.

1905(18세). 샤를르-에두아르 잔느레, 그의 첫 번째 주택 작품인 뿌이예렐가 1번지에 있는 팔레Fallet 저택을 설계하다.

1907(20세). 순례여행 전통을 따라 이탈리아와 오스트리아-헝가리로 그의 첫 번째 《예술 세례》여행을 떠나다. 토스카나 지방에서 라 샤르트리즈 뎀마la chautreuse d'emma의 건축에 감탄하고 사적 부분과 공적 부분 처리 방식에 공감하다.

● 라 쇼-드-퐁 장식미술학교에서 르 꼬르뷔지에가 제작한 시계 케이스

● 전나무를 소재로 한 기하학적 패턴 디자인

● 아케이드와 작은 기둥 장식 입면 크로키

건축가로서 형성기

● 뉴렌베르그시 초입
● 르 꼬르뷔지에가 본 오귀스트 뻬레
● 아크로폴리스 앞에서 샤를르-에두아르 쟌느레

1908(21세). 샤를르-에두아르 쟌느레, 두 번째 여행 행선지로 뉘렌베르그Nurenberg, 뮌헨Munchen, 스트라스부르그Strasbourg, 낭시Nancy를 경유하다. 파리 첫 번째 체류로 뤼 데 제꼴rue des Ecoles가 만사르Mansard 지붕 밑 다락방에 자리 잡다. 7월부터 뻬레Perrer 형제 사무실에서 반나절 근무하면서 철근 콘크리트 구조에 친숙해지다. 국립도서관에서 도시역사와 도시설계를 공부하다.

1909(22세). 파리에 돌아와서 이후로 쌩-미셸Saint-Michel 강뚝 3번지 만사르 다락방에서 살며 뻬레 형제 사무실 견습 사원을 계속하다. 루브르와 트로카데로Trocadéro에 있는 민족학 박물관에 다니며 자신의 그림 실력을 발전시키다.

1910(23세). 라 쇼-드-퐁 응용 미술학교 신축 안을 설계하고 피터 베렌스Peter Behrens 아뜰리에 같이 유명한 사무실에서 일해보기 위해 독일로 향하다. 이곳에서 그는 라 쇼-드-퐁의 예술을 독일 산업가에게 홍보하기 위해 노력한다.

1911(24세). 5월 친구 오귀스뜨 클립스뗑Auguste Klipstein과 함께 터키에 이르는 중유럽 탐험을 떠나다. 돌아오는 길에 들른 아테네, 파르테논Parthénon은 새로운 발견 그 자체였다: 《이것은 우리가 피할 수 없는 숙명적 예술이다.》 파르테논에서 얻은 교훈은 그와 평생을 함께하게 된다. 이 때 라 쇼-드-퐁 잡지 퍼이유 다비Feuille d'Avis에 그의 동양 여행기 브와야쥬 도리앙Voyage d'Orient을 기고하기로 마음먹다.

1912-1916(25-29세). 샤를르-에두와르 쟌느레, 라 쇼-드-퐁에서 건축가로서 경력을 시작하다. 스승 샤를르 레쁠라뜨니에에게 분개하다. 탁월한 건축 작품을 실현했음에도 직업적 환멸감을 이유로 고향을 떠나기에 이르다. 그의 부모를 위해 쟌느레-뻬레 저택을 설계하지만 그들로부터 지나치게 비싼 작품이라는 평가를 받는다. 그는 스스로 지방 브르죠아의 순응주의 미학에 희생자가 되었다고 느낀다. 그가 지은 빌라 슈봅Villa Schwob은 그의 비방자들로부터 《터키식 주택》이라는 악평을 듣는다. 결정적으로 그의 모국을 떠나기로 마음먹고 당시 독일과 전쟁 중인 프랑스에 연대의식을 느낀다. 그의 친구들에게 닥쳐올 사태에 대해 걱정하면서 렝스Reims시가 침공자의 포화로부터 겪는 상황에 괴로워한다. 1915년에는 에스땅프Estampes 국립도서관에서 실현되지는 못한 도시 건설에 관한 저술에 전념하다.

● 쟌느레-뻬레 저택, 샤를르-에두아르 쟌느레 그의 형과 부모와 함께
● 죠르쥬-에두아르 갼느레, 그의 서재에서.
● 샤를르 에두와르 쟌느레, 「도시 건설」원고 중 로마 평면 관련 페이지

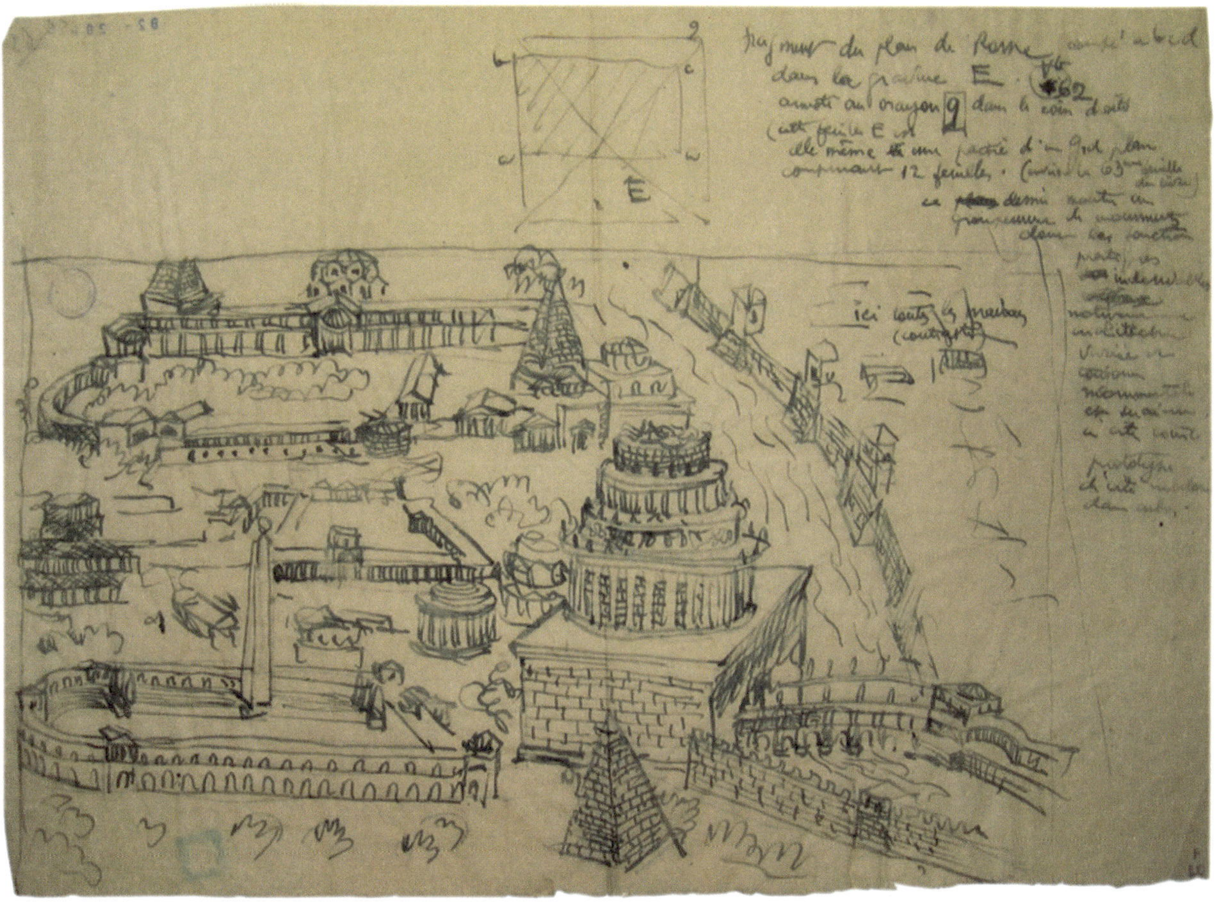

건축가로서 고유 언어 구축 시기

1917(30세). 이 해 벽두에 샤를르-에두아르 쟌느레 파리에 정착하다. 아드리엔느 르 꾸브뢰Adrienne Le couvreur의 옛 개인저택에서 방 두 개짜리 집에 거주하다. 생활비를 벌기 위해 수채화를 그려 팔다. 전쟁 기간 중 재앙을 입은 북쪽 도시들을 재건하는 방안에 몰두한다. 화가 아메데 오장팡Amédée Ozenfant과 친교를 맺고 몽빠르나스Monparnasse 예술가 모임에 들어가다. 10월, 뤼 다스토르rue d'Astorg 29번지에 자신의 사무실을 차리다.

1918(31세). 샤를르-에두와르, 알포르빌 Alfortville 소재 뤼 데 쁘쁠리에rue des Peupliers 짓는 벽돌 공장 건설에 앞장서다. 건축설계 수주가 없었던 전쟁 기간 중 생산업이 건축가로서 활동할 수 있는 기회를 줄 것이라 여긴다. 그는 이미 파괴된 프랑스 도시 재건을 위한 도시 설계 원칙 수립에 몰두하고 있었다. 귀욤 아뽈리네르Guillaume Apollinaire서거시, 르 꼬르뷔지에 Le Corbusier는 오장팡과 함께 르 퓌리즘Le Purisme이 새로운 예술가의 언어이기를 표방하는 선언을 담은 「*큐비즘 그 이후*」를 출간한다. 더불어 화가로서 두 번째 경력을 시작한다.

1919(32세). 샤를르-에두아르 쟌느레와 오장팡, 뎃쌩과 유화를 1918년 12월 22일부터 1919년 1월 11일까지 갤러리 토마스에서 전시하다. 그의 형 알베르도 파리에 와서 정착하기로 하다. 살 집을 구하는 동안 동생 집에 머물다.

1920(33세). 파리에서 음악을 가르치기 위해 온 형 알베르와, 같은 건축가로서 그를 보조하기 위해 온 사촌 삐에르로부터 자신을 구별하기 위하여 샤를르-에두아르 쟌느레, 그의 새 성(姓) 르 꼬르뷔지에를 이름으로 삼기로 하다. 오장팡과 함께 전투적 잡지 *레스프리 누보L'esprit Nouveau*[새 정신]를 창간하고 건축과 예술, 문학 분야에서 진정한 우상 파괴 잡지가 되기를 표방하다. 벽돌 공간 파산은 샤를르 에두아르 쟌느레를 근심거리로부터 해방시킨다. 그는 예술작품 생산에 전념하기로 한다.

● 첫 번째 유화 작품
● 아마데 오장팡의 '굴뚝'
● 1921년 로마에서, 르 꼬르뷔지에.

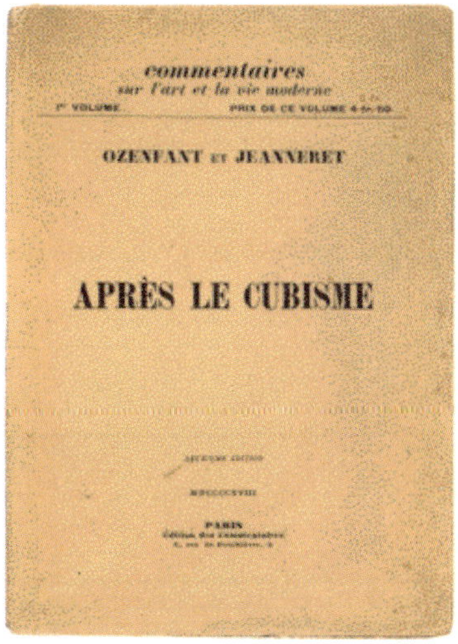
commentaires
sur l'art et la vie moderne
1er VOLUME
OZENFANT ET JEANNERET
APRÈS LE CUBISME
PARIS

● 쟌느레-뻬레 저택에서, 아메데 오장팡, 알베르 쟌느레, 르 꼬르뷔지에
● 르 꼬르뷔지에, 그의 아뜰리에
● 샤를르-에두아르 쟌느레, 쟈콥Jacob가 그의 아파트에서

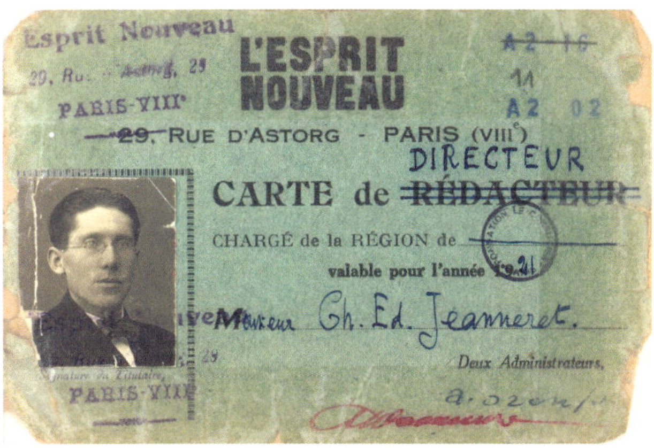
Esprit Nouveau
29, Ru... 29
PARIS-VIII°
L'ESPRIT NOUVEAU
A2 16
11
A2 02
~~29.~~ RUE D'ASTORG - PARIS (VIII°)
CARTE de ~~RÉDACTEUR~~ DIRECTEUR
CHARGÉ de la RÉGION de
valable pour l'année 1921
Monsieur Ch. Ed. Jeanneret.
Signature du Titulaire,
PARIS-VIII
Deux Administrateurs,
a. ozenfant

L'ESPRIT NOUVEAU
REVUE INTERNATIONALE D'ESTHÉTIQUE
PARAISSANT LE 15 DE CHAQUE MOIS
DIRECTEUR : PAUL DERMÉE
ESTHÉTIQUE EXPÉRIMENTALE
PEINTURE SCULPTURE ARCHITECTURE
LITTÉRATURE MUSIQUE
ESTHÉTIQUE DE L'INGÉNIEUR
LE THÉATRE LE MUSIC-HALL LE CINÉMA LE CIRQUE LES SPORTS
LE COSTUME LE LIVRE LE MEUBLE
ESTHÉTIQUE DE LA VIE MODERNE
1
N°

DANS CE NUMÉRO
59 photogravures et deux reproductions aux trois couleurs,

SOMMAIRE

L'Esprit Nouveau 3
L'esthétique nouvelle et la science de l'art, Victor Basch. 5
Notes sur l'art de Seurat, Bissière. 13
Découverte du Lyrisme, Paul Dermée. 29
Sur la Plastique, A. Ozenfant et Ch. E. Jeanneret. 38
La Musique Polonaise, Henry Prunières 49
Les deux routes ** 60
Picasso, André Salmon 61
L'Esthétique du Cinéma, B. Tokine 85
Trois rappels à MM. les Architectes, Le Corbusier-Saugnier. 91
Le Cirque, art nouveau, Céline Arnauld. 97
Notes sur les revues 1914-1920, G. de Lacaze-Duthiers 99
Calligrammes (Apollinaire), Louis Aragon 103
Les Expositions (Picabia), G. Ribemont-Dessaignes 106
La littérature de langue espagnole d'aujourd'hui, Vicente Huidobro 111
La nouvelle poésie allemande, Ivan Goll 113
Échos de l'Hôtel Drouot 115
etc... 136

Voir au dos les avantages et les primes réservés aux Abonnés.
PRIX NET : 6 francs français POUR TOUS PAYS
ÉDITIONS DE L'ESPRIT NOUVEAU
SOCIÉTÉ ANONYME AU CAPITAL DE 100.000 FRANCS
13, QUAI DE CONTI
PARIS (VI°)

1921년(34세). 르 꼬르뷔지에, 그림을 그의 건축가 작업의 진정한 보완 활동으로 삼다. *레스쁘리 누보* 창간과 함께 사업가 역할을 완전히 청산하다. 화상인 레온스 로젠베르Léonce Rosenberg는 자기 화랑에 피카소와 브라끄Braque, 후앙 그리 Juan Gris 작품 옆에 르 꼬르뷔지에 그림을 나란히 건다.

1922년(35세). 살롱 도똔느(Salon d'Automne)에 계속 300만 거주 현대 도시 계획안 제출. 이 제안은 역사적 도심을 완전히 밀어내고 고밀도 고층 주거를 세운다는 도시 계획안의 출발점이 된다. 르 꼬르뷔지에는 파리의 역사적인 지역을 더도 말고 덜도 말고 깨끗이 도려낼 것을 제안했다. 이 계획안으로 말미암아 르 꼬르뷔지에의 도시 계획에 대해 논란이 촉발되었다. 조브 Jove 의상 디자인 숍의 패션모델이고 모나코 출신인 이본느 갈리스Yvonne Gallis를 만나다.

1923년(36세). 르 꼬르뷔지에, 에디씨옹 크레쏭 Éditions Crésson에서 그의 첫 번째 현대 건축가 선언서인 「*건축을 향하여Vers une Architecture*, 부제: *건축 혹은 혁명Architecture ou révolution*」출간. 레스쁘리 누보에서 발전시킨 그의 사상을 종합한 이 책에서 르 꼬르뷔지에는 이 세기의 새 건축의 규범을 이렇게 정의하였다: ***장식을 완전히 추방한 건축, 산업에서 참조물을 길어 올리는 건축, 표준화를 발전의 기본 원칙으로 삼는 건축, 단지 건축가의 미학적 선택을 통해 결정하지 않고 평면과 입면을 통해 스스로를 이루어나가는 건축.*** 다시금 감동과 경탄과 논란이 기다리고 있었다. 그를 반대하는 측에서는 국가의 문화적 전통과 건설된 환경으로부터 격리된 건축이 출현했고 주거를 인간이 배제된 「*살기위한 기계Machine à habiter*」로 전락시켰다고 비난하였다. 그는 감동시키는 것만을 추구하는 「시인」이라고 고발되었다. 저술가와 화가로서 활동과 더불어 르 꼬르뷔지에는 블로뉴Boulogne의 립쉬츠 주택Villa Lipschitz, 파리의 라로슈와 쟌느레 주택 Villas La Roche et Jeanneret, 또 파리에 아뜰리에 오장팡 등 그의 초기 「파리 주거」실현에 뛰어 들었다.

● 드뤼에 화랑Galerie Druet에서 열린 퓌리스트 Puriste 전시회 포스터, 1921.
● 르 꼬르뷔지에, 로마에서, 1921.
● 르 꼬르뷔지에와 삐에르 쟌느레
● 르 꼬르뷔지에, 꽃집 「빠니에 플뢰리 Panier Fleuri」앞에서 이본느 갈리스와 그녀의 가족들과 함께, 1930년경
● 르 꼬르뷔지에와 그의 부인, 이웃 소유 자동차 앞에서

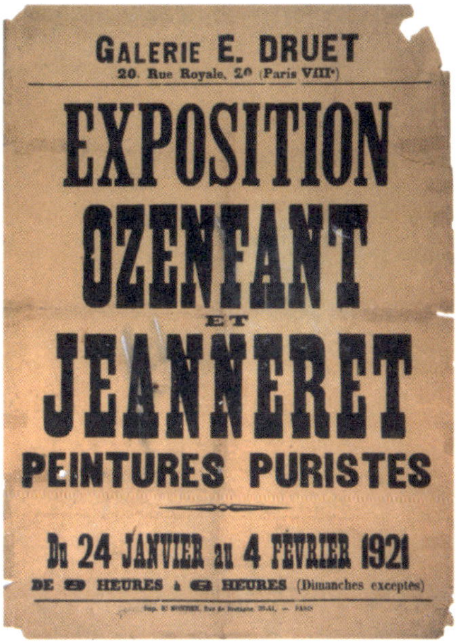

- 호숫가 쟌느레 저택
- 르 꼬르뷔지에와 그 부인, 프뤼제 Frugés단지에 있는 주택 테라스에서
- 에스쁘리 누보관 Pavillon de l'Esprit Nouveau
- 르 꼬르뷔지에와 직원들, 세브르가 rue de Sévres에 있는 그의 설계 사무실에서
- 죠르쥬-에두아르 쟌느레의 사후 초상

1924년(37세). 성공에 힘입어, 르 꼬르뷔지에에게 예술가 아뜰리에, 빌라 등 설계 의뢰가 밀려온다. 그는 그의 부모를 위해 레만Léman 호숫가에 꼬르쏘Corseaux 주택을 짓는다. 새로운 현대 건축의 수장으로 알려진 그는 여러 거대 도시들에 현대 건축이 기다리고 있는 것과 그 정신에 대해 강연하러 불려 다니게 된다. 쟈콥가rue Jacob와 아스토르그가rue d'Astorg를 거쳐 1924년 9월 18일 35번지 뤼 드 세브르rue de Sevres의 옛 종교 건물 안에 그의 본격 사무소를 차린다.

1925년(38세). 르 꼬르뷔지에, 파리에서 열린 세계 장식 예술 전람회에 레스쁘리 누보관을 건설하다. 여기에 그는 도시 계획 파리 브와장Voisin[이웃] 안을 제출하여 다시 한 번 옛 것과 현대적인 것 사이 스캔들과 논쟁을 불러일으킨다. 그가 비록 잘 방어를 했다고는 하나 그 반대 측 진영은 그를 항상 역사적 파리를 파괴할 준비가 되어있는 새 오스만Haussman*이라고 여긴다. 이론적 고찰에 몰두한 그는 저서 「*도시 계획*」과 「*오늘의 장식예술*」을 차례로 발간한다.

1926년(39세). 1월 11일 그의 부친 사망. 깊은 충격에 빠진 르 꼬르뷔지에 어머니에게 밀착하다. 그는 이본느 갈리스Yvonne Gallis 앞으로 개인 구좌를 개설해서 유사시 수입원이 될 있도록 조치한다. 르 꼬르뷔지에는 앙리 프뤼제Henri Frugés의 요청으로 뻬삭Pessac에 현대 주거 단지 현장을 실현하기에 이른다. 「*현대 건축 연감*」를 출간하고 「빌라 쿡villa Cook」을 완공한다. 스투트가르트Stuttgart에서 건축가 미스 반 데어 로에 Mies van der Rohe를 만나다.

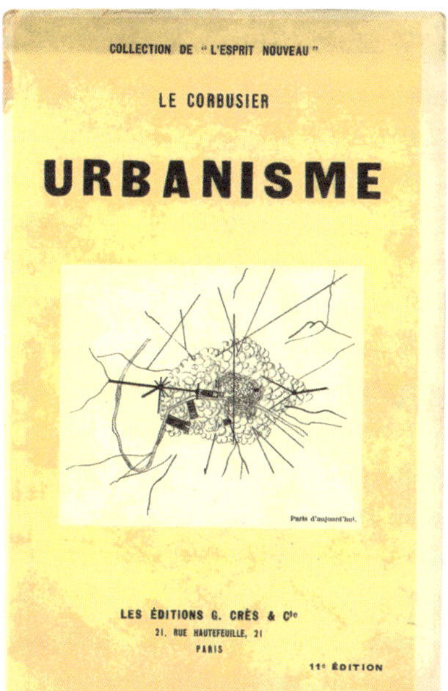
COLLECTION DE "L'ESPRIT NOUVEAU"
LE CORBUSIER
URBANISME
Paris d'aujourd'hui.
LES ÉDITIONS G. CRÈS & Cie
21, RUE HAUTEFEUILLE, 21
PARIS
11e ÉDITION

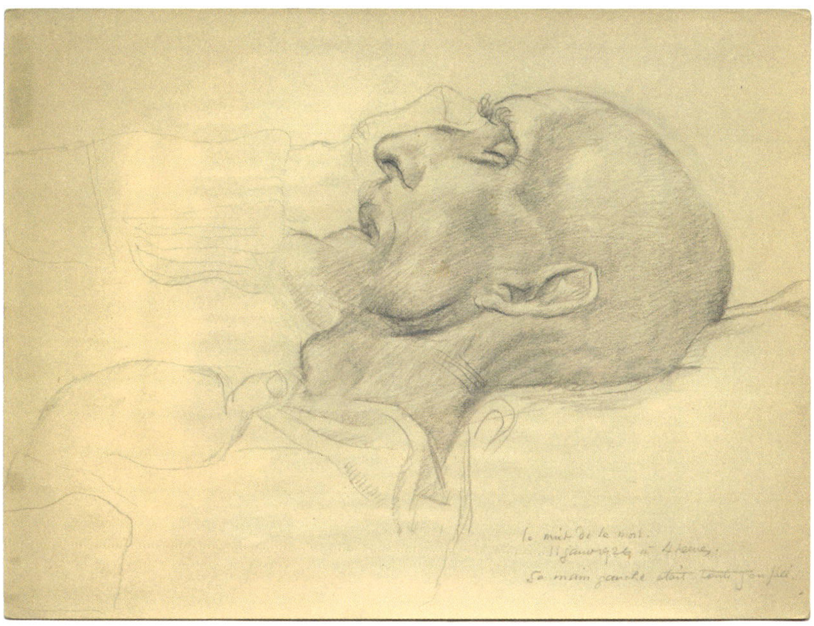
la nuit de la mort.
11 janvier 1926 à 4 heures.
Sa main gauche était toute gonflée.

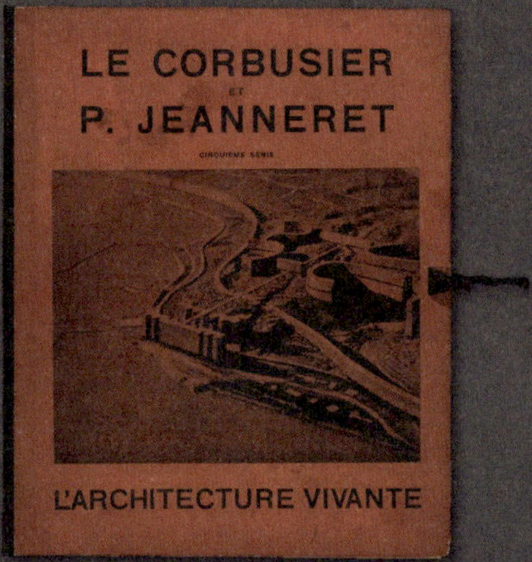

- 빌라 싸브와 입구
- 삐에르 쟌느레와 르 꼬르뷔지에, 삐께 Picques 해변에서, 1933.

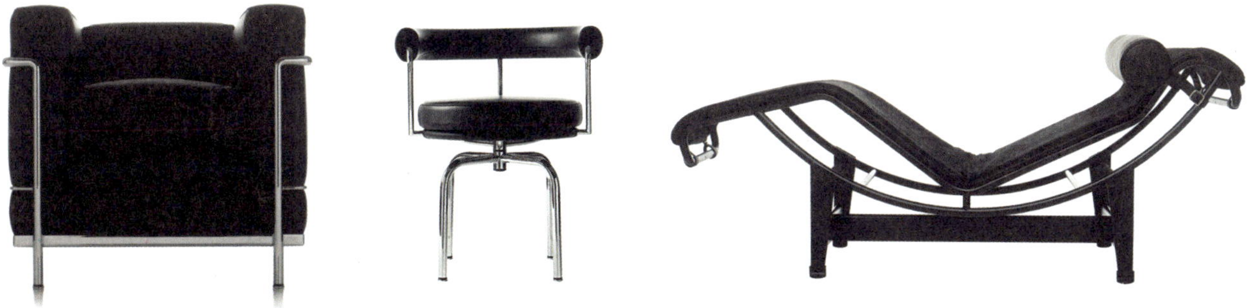

현대 건축, 세계를 누비다.

1927년(40세). 르 꼬르뷔지에, 쥬네브 국제 연맹관 현상 설계에서 떨어지다. 그가 현상 프로그램을 통해 기대하는 제안에 가장 적절한 안을 냈음에도 불구하고 심사위원들이 이를 배반하고 아카데미즘으로 도색된 「질서 회귀당」으로 돌아갔다고 여겼다. 그는 심사위원장과 논쟁을 벌인다.

1928년(41세). 르 꼬르뷔지에, 싸라Sarazz 성에서 열린 제1회 현대건축국제회의(CIAM)에 참석하다. 소비에트 당국으로부터 소유즈센터Centro Soyouz(소비에트 조합 연맹 사무국)설계 요청 받다. 첫 번째 소비에트 여행 떠나다. 「*주택, 궁전Une maison, un Palais*」출간하여 그가 심사가 편파적이었다고 여기는 국제 연맹관 현상 사건을 비난하고 종결짓는다. 스위스에서 평론가 알렉산드르 드 셍제Alexandre de Senger가「*볼셰비즘의 트로이 목마*」라고 고발하다. 르 꼬르뷔지에, 삐에르 쟌느레와 함께 《*극한 자동차Voiture Maximum*》라고 이름 붙인 프로젝트를 설계하다.

1929년(42세). 르 꼬르뷔지에, 모스크바로 두 번째 여행. 브에노스 아이레스Buenos Aires와 리오 데 쟈네이로Rio de Janeiro 순회 강연을 위해 브라질행. 죠세핀 베이커Joséphine Baker와 메르모즈Mermoz, 생떽쥐뻬리Saint-Exupéry와 친교맺다. 쁘와씨Poissy에 빌라 싸브와Villa Savoye를 완공하고 쌀롱 도똔느Salon d'Automne에 샤를로뜨 뻬리앙Charlotte Perriand과 삐에르 쟌느레와 협력해 만든 가구들을 출품하다. 스위스 취리히에 있는 건축 출판사 H. 지스베르거(H. Gisberger)의 요청으로 의의 건축 전작집 출간에 참여한다.

1930년(43세). 르 꼬르뷔지에, 다시 모스크바 행. 초록 도시(Ville verte) 계획안을 준비하다. 이 방문 때 에이젠슈체인Eiseinstein과 인사하고 그를 위하여 「*일반 전선La Ligne génerale*」셋트 일부를 설계하다. 프랑스 국적으로 취득한 후 그의 어머니 반대를 무릅쓰고 이본느 갈리스와 결혼하다. 그는 건축가로서 사는 것이 고난의 길이라 생각, 아이 갖기를 원하지 않았다. 샤를르 드 바이스떼기Charles de Beistegui를 위해 샹젤리제(Champs-Elysées) 건물 옥상에 손님용 아파트를 설계하다.

1931년(44세). 스위스 정부 요청으로 파리 대학촌 Cité Universite에 스위스관Pavillon Suisse 설계를 맡다. 소비에트 궁전 프로젝트에서 실패하다. 페르낭 레제 Fernand Léger와 그의 형 알베르, 사촌 삐에르와 함께 스페인을 방문하고 계속해서 모로코와 알제리를 여행, 므잡Mzab에서 크게 감동하다. 알제Alger에 있는 카스바Casbah에 매혹되고, 알제 첫 번째 도시 계획에 참여하다. 엘렌느 드 망드로Hélène de Mandrot를 위해 프라데Pradet에 호화주택을 건설한다.

- 르 꼬르뷔지에 가구. 삐에르 쟌느레와 샤를로트 뻬리앙과 협력작
- 페르낭 레제와 삐에르 쟌느레, 르 꼬르뷔지에. 스페인, 1930.

- 르 꼬르뷔지에 뉜게세르 에 꼴리가 24번지에 있는 그의 아뜰리에에서
- 만드로Mandrot 저택
- 마리 꿔톨리Marie Cuttoli를 위해 제작한 첫 번째 타피쓰리 작품
- 쟝 바도비치와 엘렌 그레이 저택 저택용 벽화를 제작 중인 르 꼬르뷔지에, 캅 마르뗑Cap Martin에서

1933년(46세). 르 꼬르뷔지에, 제4회 CIAM 참석. 모스바에서 회동할 수 없게 되어 마르세이유와 아테네 사이 바다에 띄운 SS 파트리스Patris II 선상에서 열림. 그는 제리, 스위스, 홀란드, 벨기에에서 강연과 여행을 거듭다. 친구 뒤라푸르Durafour와 함께 알제리 사막과 므 Mzab 계곡 상공을 날다.

1934년(47세). 르 꼬르뷔지에, 공공 권력이 도시 계획 참여하기를 촉구. 공공 엘리뜨가 자신의 전문 분야에 안주하는데 대해 유감 표시. 2월 6일 사건에서 극우 반 회파와 공권력이 충돌하는 것을 보고 크게 충격 받다. 시 한 번 깨인 공권력이 국가 차원의 도시 계획 정책을 도하기를 꿈꾸다. 이탈리아를 재방문하면서 공공: 개 양 분야 설계 수요에 접근할 수 있을 것이라 생각. 19 년 8월 자신의 새 아파트를 블로뉴Boulogne의 뉜제쎄 꼴리Nungesser et Coli가 24번지에 뿌리내리다.

1935년(48세). 르 꼬르뷔지에, 수직 도시의 중요성을 음 설파한 선언서 「*빛나는 도시La Ville radieuse*」출간하다 여기서 그는 도시의 숨 쉬는 기능, 주거기능, 근무기능 분리함으로써 급진적 도시 진화가 일어날 것이라 권고다. 세브르가 35번지에 있는 그의 아뜰리에를 필두로 축과 도시 프로젝트가 꼬리를 문다. 노르베르 베자 Norbert Bézard와 함께 싸르뜨Sarthe에 있는 삐아세Piac 마을 계획에 「*빛나는 농촌마을La Ferme radieuse*」를 구하면서 농업 개혁 계획에 경도되다.

1936년(49세). 르 꼬르뷔지에, 인민전선Front Populaire 권을 환영. 여기에서 엄청난 도시 개혁의 조건을 보았 때문. 그의 동료들과 마찬가지로 1929년 이후 설계 주이 격감한 것은 극복할 수 있는 대형 건설과 공공주택 설 정책이 전개될 것을 기대했다. 이탈리아 파시스트 조형 예술의 구질서체계로 선회하는 것을 보고 이탈리

에서 건설할 계획을 취소하다. 브라질 정부 초청으로 그라피 제플린Graf Zeppelin을 거쳐 리오Rio를 방문하다. 돌아오는 길에 1937년 예술 기술 박람회를 위한 「새로운 시대관Pavillon des Temps Nouveaux」계획안을 착수, 베즐레Vézelay에 있는 그의 친구 바도비치 Badovici 집에 머물며 그의 첫 번째 벽화를 완성하다.

1937년(50세). 교육부장관인 쟝 제Jean Zay에 제청으로 르 꼬르뷔지에에게 레지옹 도뇌르Légion d'honner 수여. 파리 국제 박람회장에 「새로운 시대관」완공. 인민전선 측으로부터는 규모에 상관없이 어떤 설계 주문도 오지 않다. 르 꼬르뷔지에 남미 여행의 결과인 「*성당이 하얄 때, 수줍은 나라로의 여행*」출간.

1938년(51세). 쌩 트로뻬Saint-Tropez에서 수영하던 중 배 프로펠라에 오른쪽 넓적다리와 팔에 살이 떨어져 나가고 머리에 부상을 입다. 시시각각 다가오는 전쟁과 재군비 상황 속에서 저서「대포와 총탄? 고맙지만 주택을...제발Des canons, des munitions? Merci! Des logis...S.V.P」출간하다. 그는 「*현대사회가 서로 충돌하는 히스테리에 반대한다. 왜냐하면 전쟁은 존재 이유가 없기 때문이다.*」라고 논박하며 기계주의 문명이 도래하도록 할「주거를 창조하자」고 호소한다.

1939년(52세). 르 꼬르뷔지에, 자기 사무실에서 알제 프로젝트 계속. 여름 휴가철에는 빌라 엘렌그레에 있는 그의 친구 집에서 보내며 8연작 벽화를 그리다. 전쟁이 발발하자 그는 베즐레에 머물며 새 저서를 준비한다. 국방부장관인 라울 도트리Raoul Dautry 의뢰로 무띠에 로제이Moutiers-Rozeille에 있는 총알 제조 공장 신축 설계를 준비했으나 기초 공사만 하고 중단되었다.

1940년(53세). 르 꼬르뷔지에, 그랑 빨레(Grand Palais)에서 열리는 프랑스 해외 영토 살롱의 예술 부문관 개축 공사 준비작업 수행하다. 프랑스 군 패주로 6월 11일 아뜰리에 문 닫다. 르 꼬르뷔지에, 부인과 함께 오종Ozon에 있는 피레네 마을에 정착하다. 그는 처음으로 비시Vichy를 방문하여 해당 관청에 그의 프랑스 재건과 도시 계획서를 제출한다. 장관 포고를 통해 오귀스뜨 뻬레Auguste Perret와 외젠느 프레씨네 Eugéne Freyssinet와 함께 재건 위원으로 임명되다. 한편 삐에르 잔느레는 그르노블 Grenoble에 정착하기로 한다.

1941년(54세). 르 꼬르뷔지에, 비시를 다시 방문하고 정부로부터 재건 의뢰를 받을 것을 확신한 후, 부인을 베즐레에 있는 슈발 블랑Cheval Blanc호텔에 투숙시킨다. 몇몇 이론적 저서를 저술하는 데 이 중 장 지로두 Jean Giraudoux가 서문을 쓴「*아테네 헌장La Charte d'Athénes*」가 있다. 이 선언서는 도시를 살기 좋고 조화롭게 하기 위한 25항목의 제안 사항으로 구성되어 있다. 르 꼬르뷔지에의 표현에 따르면 이것은《*바르게 생각하라는 명령*》이다. 이 선언서는 20세기 후반

건설인 시대에 맞는 재건 계획들

현대 도시 계획 사상 발전에 핵심 역할을 한다. 르 꼬르뷔지에는 알제 재개발을 위한 작업을 계속 진행한다. 수도의 재개발에 대한 그의 생각을「*파리의 운명 Le destin de Paris*」에 출간한다.

1942년(55세). 비씨Vichy에서 알제 프로젝트 계속하다. 수차례에 걸쳐 수주 불가능으로 결론지어지는 현실 앞에 르 꼬르뷔지에 베즐레로 돌아오다. 젊은 건축가들의 요청으로 프랑스 재건에 관한 공동 회의 준비에 참여하다. 이 프로젝트를 수행하고 공사를 표준화하는데 유용하고 인간적 척도 주거를 위한 비례체계인 모듈러Modulor 프로젝트를 고안하다.

1943년(56세). 파리로 돌아온 르 꼬르뷔지에, 세브르가에 있는 그의 사무실에 젊은 건축가 그룹을 불러들여 미래를 생각한다. 보자르Beaux-Arts 학생들이 그에게 건축 아뜰리에 운영을 요청한다. 이에 대해선 거절하나 저서「*건축학교 학생들과 대화Entretiens avec les étudiants des Ecoles d'architecture*」를 통해 화답한다. 그는 프랑스에 재건 원칙을 수립하기 위해 ASCOR-PAL이라는 건설인 아뜰리에를 창건한다.「*아테네 헌장La Chante d'Athenes*」출간하다.

1944년(57세). 상륙작전과 파리해방 이후, 르 꼬르뷔지에, 사무실을 다시 열 수 있게 되다. 4년 동안 새로움에 목말라했던 젊은이들이 이곳으로 몰려들어온다. 재건부 새 장관 라울 도트리Raoul Dautry가 마르세이유에 새 주거단지인 유니떼 다비따씨옹Unité d'habitation 건립을 맡긴다. 이후 그는 프랑스 르네상스를 상징하는 예술인으로써 헌신한다.

1945년(58세). 지리 전문가인 에두아르 트르왕 Edouard Troin, 쌩뜨-봄므Saint-Baume에 평화와 용서의 지하 성당을 짓는 일을 상의하기 위해 르 꼬르뷔지에를 만나다. 그의 주도로 레지스땅이자 드골주의자인 외젠느 끌로디우스-쁘띠가 연구임무를 부여하여 르 꼬르뷔지에 미국으로 파견되다. 베르농 S.후드 Vernon S.Hood 선상에서 이 해 마지막 날 모듈러 Modulor 개념을 완성하다.

1946년(59세). 르 꼬르뷔지에, 테네시 계곡 당국이 벌이는 사업에서 그가 프랑스 국토에 대한 국가적 계획이 필요하다는 직감이 옳았다는 확신을 얻다. 집단 사고에 대한 확고한 신념이 사무실 분위기를 끌어나가고 있었다. 르 꼬르뷔지에 국가재건을 위한 진정한 서정시「*세 가지 인간적 가치 체제Les trois établissements Humains*」출간하다. 쌩 디에Saint-Die 재건 사업 수석 건축가가 되고자했던 그의 시도, 실패하다. 그는 국제연합건물 건설에 대해 중지를 모으는데 참여해 달라는 미국의 요청에 불려간다.

1947년(60세). 환갑을 맞은 르 꼬르뷔지에, 그 어느 때보다 적극적으로 국제무대에 참여한다. 뉴욕에서 이스트리버East River 연안에 국제연합관 건설을 기획하고, 사업가 쟝-쟈끄 뒤발Jean-Jacques duval로부터 쌩디에 제조 공장 건설 프로젝트 의뢰를 받는다. 브리지워터Bridge water에서 열릴 제 6차 CIAM에 참여하여「*아테네헌장*」을 실현시키는데 헌신한다. 보고타 도시계획안을 연구하기 위해 그곳으로 날아간다.

1948년(61세). 르 꼬르뷔지에, 생뜨-봄므Saint-Baume 성당 건립 프로젝트에 참여하다. 이스미르Ismir도시계획안 설계를 위해 현장으로 가다. 삐에르 보두엥 Pierre Baudouin과 함께 그가 직접 그린 벽걸이 양탄자 그림 제작에 몰두하다. 국제 연합관 프로젝트에서 밀려나고,「*우리가 걸을 험난한 노정의 간단한 역사Une Bréve histoire de nos tribulations*」와「*1927년 국제연맹에서 1947년 국제연맹까지 20년20années : de la SDN 1927 à l'ONU 1947*」

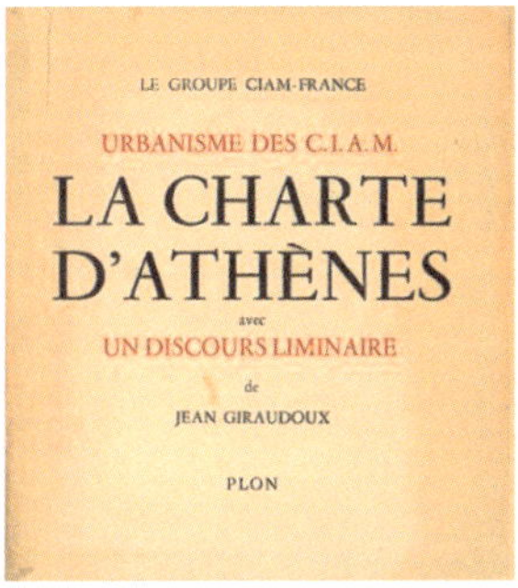

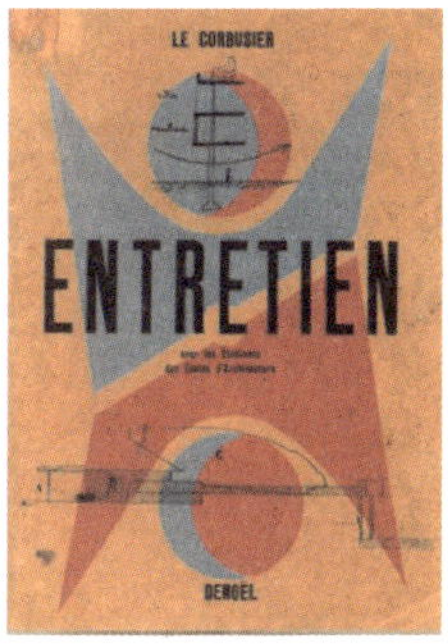

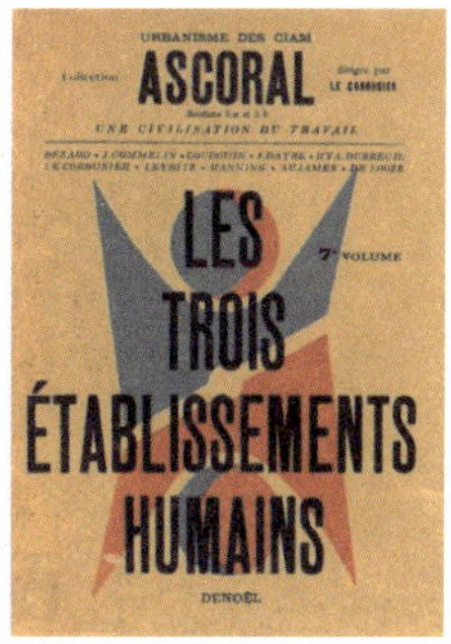

- 마르세이유 유니떼 다비따씨옹 지붕에서
- 앨버트 아인슈타인과 함께
- 파리 대학촌 스위스관 벽화

1949년(62세). 르 꼬르뷔지에, 마르세이유 현장 외에 보고타 도시계획안 작업 계속 진행하다. 이 밖에도 여러 빌라 설계를 수행하고, 그가 부인과 여름휴가를 가는 캅 마르뗑Cap Martin 휴가 주택 구상을 시작하다. 이미 자신의 자료 보관소 설립을 예상하고 친구 쟝-쟈끄 뒤발Jean-Jacques Duval에게 자료가 흩어지지 않도록 당부해 두다. 자신이 가진 것은 모두 《*가난한 이들에게 양도하라*》는 바람을 표명하다.

1950년(63세). 별로 야심차지 못하다는 평가를 받으며 프랑스 재건에 관련하여 원해왔던 현장을 얻지 못한 반면, 영광스럽게 인도 정부로부터 펀잡Penjab의 신수도인 찬디가르Chandigarh 건설을 의뢰 받다. 삐에르 쟌느레는 부책임자로 현장에 주재하기를 수락하다. 이후로 르 꼬르뷔지에의 삶은 인도 여행의 리듬에 맞추어 진행된다. 롱샹 교회 설계를 수주하다. 모듈러Le Modulor에 관한 초기 연구안이 출간되다.

1951년(64세). 사무실은 챤디가르와 롱샹 교회 설계를 중심으로 움직인다. 르 꼬르뷔지에, 스트라스부르 800세대 건설 현상 설계 참여하다. 파리 유네스코 l'UNESCO 본부 설계에서 배제되다. 델리에서 네루 대통령을 만나다. 챤디가르로 옮겨가 그의 도시 계획안을 역설하다. 챤디가르에 「*열린 손La Main ouverte*」기념관 설립 계획을 소개하다.

1952년(65세). 마르세이유 유니떼 다비따씨옹이 르 꼬르뷔지에가 참석한 가운데 준공식을 갖다. 이 공로로 레지옹 도뇌르 훈장 수상자가 되다. 여기에 피르미니Firminy, 레제Rezé, 브리Briey, 베를린Berlin의 유니떼 다비따씨옹 설계 의뢰가 이어진다. 그의 지중해와 바다에 대한 열정을 연장시키기 위하여 르 꼬르뷔지에, 캅 마르뗑Cap Martin의 에뜨왈 데 메르Etoile des Mers에 작은 오두막집을 짓고, 그의 아내 이본느 Yvonne와 여름철 동네를 규칙적으로 방문한다. 그는 자기 아내를 위해서 《*꼬뜨다쥐르에 3.66m×3.66m짜리 성*》을, 자기 집으로는 《*1.90m×4m*》짜리 주택을 가지고 있는 소유주가 된다. 리용Lyon의 도미니크 수도회에서 라 뚜렛뜨La Tourette에 수도원과 부속교회를 그에게 맡기고 싶다는 바람을 표명하다.

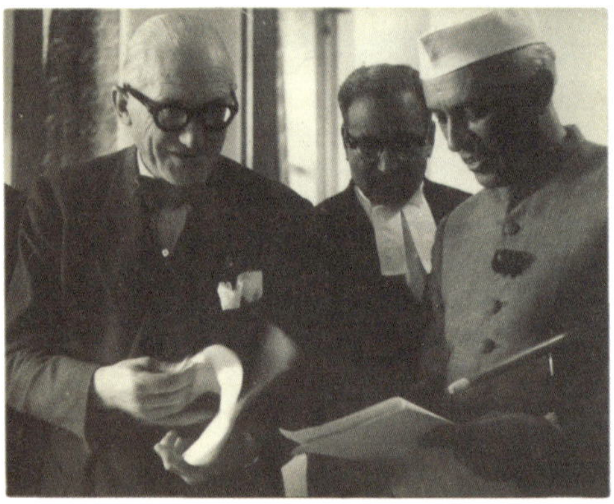

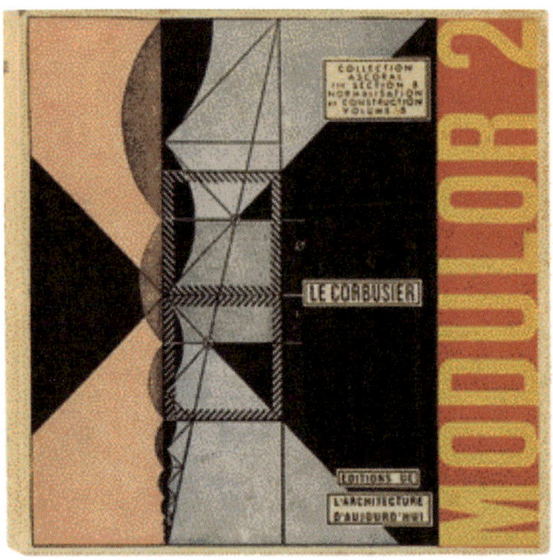

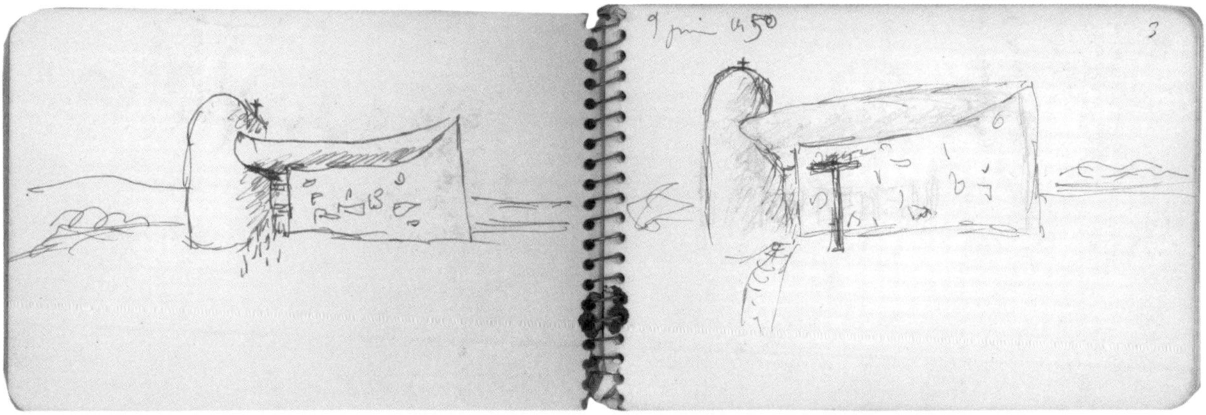

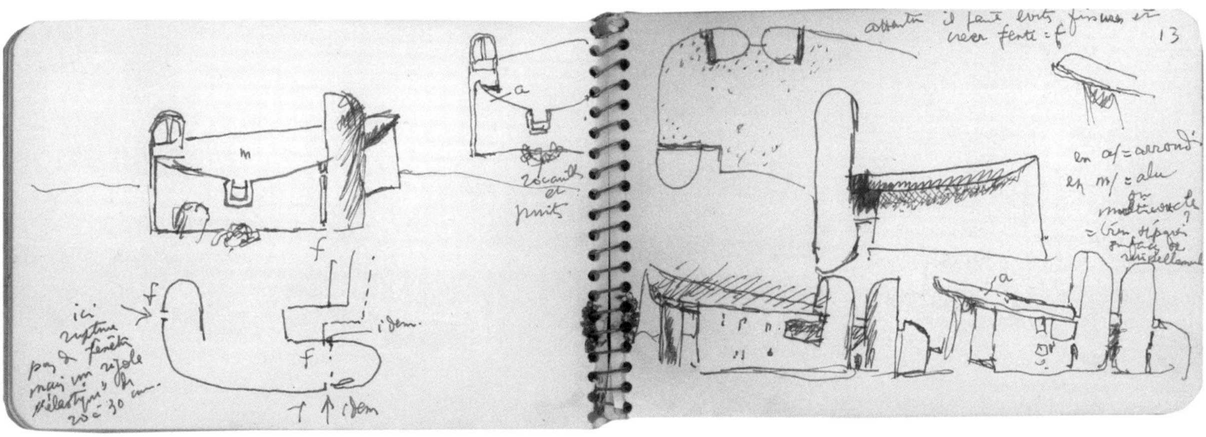

- 피카소와 함께 마르세이유 공사 현장에서
- 인도를 떠나면서
- 찬디가르 현장에서 네루와 함께
- 캅 마르뗑에 있는 그의" 작은 오두막집" 앞에서

1953년(66세). 르 꼬르뷔지에, 파리 유네스코 본부 설계를 위해 국제적으로 공모한 5인 전문가의 일원이 되다. 르 꼬르뷔지에의 사무실 폭발적 인기를 모으다. 챤디가르 외에, 새 유니떼 다비따씨옹, 라 뚜렛뜨 수도원 설계가 시작되다. 그는 자신의 자서전 「*자루의 안쪽Le Fond du sac*」발간에 참여하지만 이 저서는 출간되지 않았다.

1954–57년(67~70세). 아뜰리에가 전 용량으로 가동되다. 르 꼬르뷔지에, 챤디가르의 첫 번째 건물 평면을 그리다. 피르미니Firminy 시장인 끌로디우스-프띠Claudius-Petit, 르 꼬르뷔지에 유니떼 다비따씨옹과 청소년 회관, 피르미니-베르Firminy-Vert교회의 증축 교회를 주문하다. 일의 중압과 가족 동료들 사이 중심 역할에도 불구하고 그의 이론 출간을 계획하다. 1955년에는 「*직각의 시 Le Poéme de l'angle droit*」가 빛을 보았다. 1956년, 에디씨옹 드 뮈니Edition de Minuit 출판사에서는 1922년 이후 그가 작업해낸 파리에 대한 그의 사상을 모두 모아 출간한다. 1956년에는 필립스사로부터 1958년 브뤼셀에서 열리는 만국박람회에 자사관 설립할 것을 의뢰받는다. 그는 음악 작곡가 자격으로 자신과 같이 《*70먹은 젊은이*》인 작곡가 에드가 봐레즈Edgar Varése와 협력하여 《*전자 교향시 Poéme électronique*》를 이뤄낸다는 단 한 가지 조건을 걸고 이를 수락한다.

1957년(70세). 르 꼬르뷔지에, 베를린 유니떼 다비따씨옹 완공하다. 브라질의 유명한 건축 저술가 루씨오 코스타Lucio Costa와 브라질리아Brasilia를 설계한 오스카 니에메이어와 함께 파리 대학촌에 브라질관을 설계하다. 10월 5일, 이본느 갈리스Yvonne Gallis, 70살 생일 전날 밤 숨지다. 그의 《*36년간 가정의 문지기*》가 사라져 르 꼬르뷔지에는 어느 때보다도 충격을 받아 보였다. 캅 마르뗑에 묘소 디자인을 직접 그린다.

● 브뤼셀 만국박람회장의 필립스 전자 파비용
● 이본느 갈리스와 르 꼬르뷔지에의 무덤

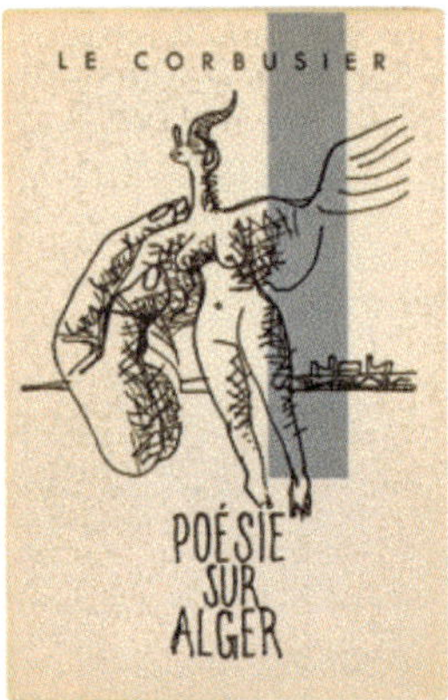

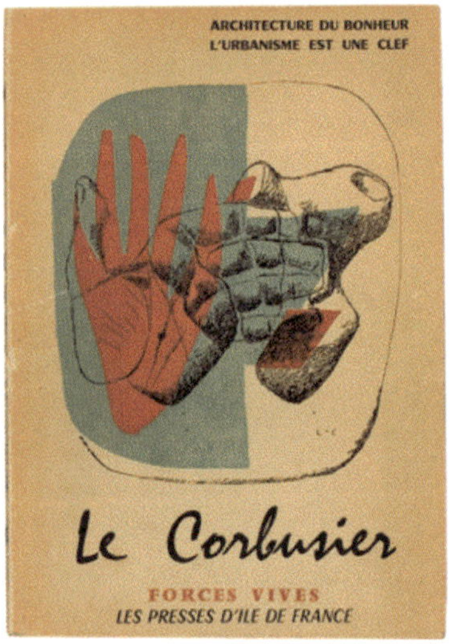

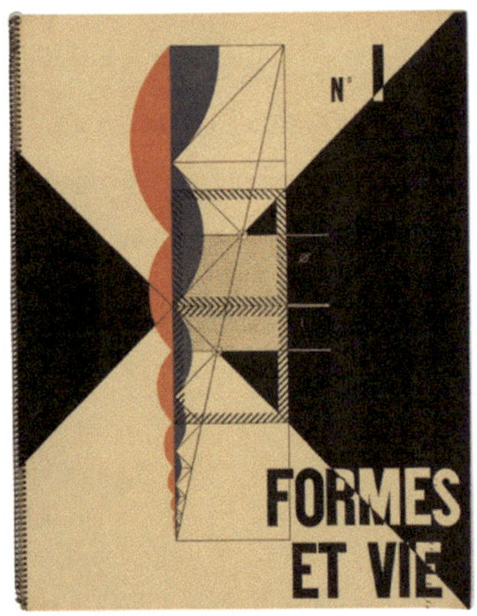

르 꼬르뷔지에가 저술하거나 그의 작품에 대한 사진 설명 몇몇예.

1958년(71세). 베를린 현상설계에 참여하나 실패, 인도로 가다. 챤디가르 비서국 완공. 스웨덴 국왕, 르 꼬르뷔지에에게 교통표지판인 *리터리스Litteris와 아르티부스Artibus 정류장 간판*을 의뢰. 「전자 교향시」준공, 내부에서 연주되는 시각적, 청각적 스펙타클은, 르 꼬르뷔지에에 의하면, 《*어두운 근심 속에서도 현시대 정복 길을 떠나는 우리의 운명*》을 보여주기 위한 것이었다.

1959년(72세). 르 꼬르뷔지에, 시립 대운동장 건설 프로젝트를 위해 바그다드로 날아감. 대학촌의 브라질관과, 조금 후, 토쿄Tokyo의 서양미술관 준공되다. 캠브리지 대학의 명예박사학위 수여. 그의 어머니의 생일을 맞아 가족과 며칠 지내기 위해 꼬르쏘Corseaux로 떠나다. 생애의 가을을 맞아, 르 꼬르뷔지에 자신의 운명에 대해 스스로 물어보며 죽음과 대화를 시작하다. 그는 재단을 설립하여 그의 작품 자료와 수집품, 서류를 구하고 싶다는 바람을 천명하다. "*건축이 건축가보다 앞서 죽는다.*"는 사실을 명백히 인식하고 있던 르 꼬르뷔지에, 문화부장관 앙드레 말로André Malraux에게 그의 자품을 미래에 철거될 위험에서 구하기 위하여 문화재로 분류 지정해 주기를 요청하다.

1960년(73세). 르 꼬르뷔지에, 1월 13일부터 벌써 현대 건축에 관한 그의 사상과 이론을 전파하기 위하여 그의 사후에도 존속하게 될 르 꼬르뷔지에 재단 설립 조건을 정한다. 앙드레 말로 이 제안을 흔쾌히 받아들인다. 2월 15일, 그의 어머니 마리-샤를로뜨 아멜리 쟌느레Maire-Charlotte Amélie Jeanneret 그의 탄생 101년이 되는 해 사망하다. 르 꼬르뷔지에 챤디가르 건물군을 완공하다. 나중에 하싼 II세가 되는 하싼Hassn왕자의 요청으로 모로코에 가서 지진 희생양이 된 도시 아가디르Agadir의 재건 조건을 연구한다.

신화, 실망 그리고 고통

- 르 꼬르뷔지에와 에드가 봐레즈, 필립스관 안에서
- 샤를로뜨-아멜리 쟌느레의 초상
- 세브르가 35번지 아뜰리에에서 말로와 함께

1961년(74세). 3월5일, 르 꼬르뷔지에, 챤디가르 의회 준공. 오르세 역 자리에 호텔과 문화센터 계획안 설계. 필라델피아에서 미국 건축가 협회가 수여하는 금메달 수상. 넘치는 영예에도, 르 꼬르뷔지에는 항상 그의 실험적 작품을 실현시킬 수단이 없음을 한탄.

1962년(75세). 르 꼬르뷔지에 독일 에를렌바흐Erlenbach에 무한히 성장하는 박물관 계획안을 설계하다. 하바드Havard대학의 시각예술센터 설계. 챤디가르 의회 궁문으로 프랑스 정부가 편잡 정부에게 제공하는 선물로 면적110㎡에 달하는 정문을 제작 완료. 베니스 도시 계획에 대해 연구할 책임을 맡아 베니스의 역사 문화유산을 보호하고 보존할 것을 주창. 브라질리아에 설계하게 될 프랑스 대사관 프로젝트를 위해 브라질 방문. 파리 현대 미술관에서 《르 꼬르뷔지에》회고전 열림.

1963년(76세). 비주얼 아트센터 준공. 앙드레 말로, 르 꼬르뷔지에에게 라 데팡스La Defence 롱 뽀엥Rond point에 세우게 될 무한히 성장하는 20세기 미술관 건립 원칙을 수립해 줄 것을 요청. 피렌체에서 《*우리 시대에서 가장 위대한 건축가, 도시 계획가*》라 칭호. 제네바 대학에서 명예박사 학위 수여.

1964년(77세). 르 꼬르뷔지에, 브라질리아 프랑스 대사관 평면 작성 시작. 베니치아 사구 위에 지어질 병원 계획을 위한 1차 분석에 참여. 피델 카스트로Fidel Castro, 하바나Havana에 언론 기관 사옥 지을 것을 종용. 레종 도뇌르 대기사 훈장 수여. 그의 친구 장 쁘띠Jean Petit에게 자기 경력과 작품에 대한 책을 써줄 것을 부탁. 제목으로 《*죽음은 그가 열정적 삶을 보냈을 때 아름답다*》명명

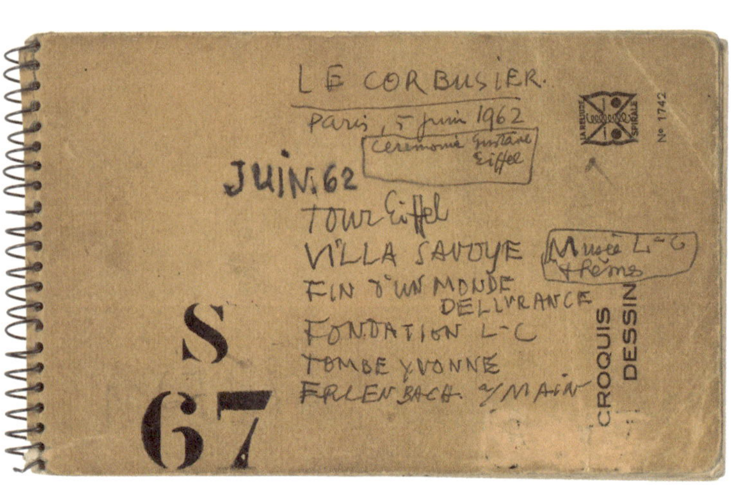

- 챤디가르 대법원 타피쓰리 계획 그림
- 마지막 스케치 수첩

1965년(78세). 지친 르 꼬르뷔지에, 《*완전한 침묵*》을 찾기 위하여 캅 마르뗑으로 가기를 희망. 파리에서 「*동방여행Voyage d'Orient*」원고 수정 작업을 하여 1965년 7월 17일 탈고. 의사의 권고에도 아랑곳 않고 7월 29일 파리를 떠나 캅 마르뗑으로 가다. 그의 책 「*초점 맞추기Mise au point*」준비 작업 벌임. 한 편 그의 일과를 작업과 낮잠, 수영으로 보내다. 8월 27일, 익숙해진대로 늦은 오후 일과를 마치고 수영을 하기 위하여 물가로 내려감. 심장마비로 사망. 그의 시신은 파리로 옮겨져 31일 마지막 인사를 받고, 9월 1일 라 뚜렛뜨 수도원에서 장례식 올림. 앙드레 말로는 루브르 꾸르 까레Cour Carrée 마당에서 장례사를 낭독함. 캅 마르뗑에 있는 그의 아내 무덤 옆에 영구히 묻히다. 르 꼬르뷔지에의 모험 막을 내리다. 세브르 가에 있는 사무실도 같은 해 10월 영원히 문을 닫는다.

1968년(탄생81주년). 르 꼬르뷔지에 재단La Fondation Le Corbusier, 7월 31일 설립.

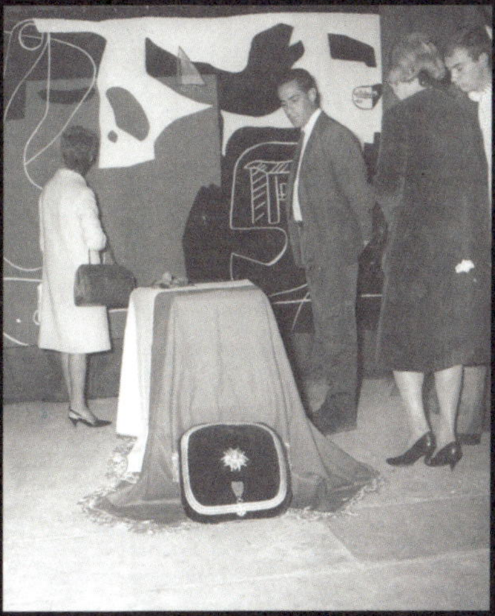

프레데릭 레베나 Frederic Rébena

1965년생, 프레데릭 레베나는 국립 장식 미술 대학(l'E.N.S.A.D)에서 수학.
1989년 잡지 아 쉬브르(a suivre)를 통해 만화로 선회했다. 젊은 삽화가로 마리 니미에Marie Nimier
르노Renaud, 실비 그라노띠에Sylvie Granotier, 지드루Zidrou, 모카Moka, 귀뒬드Gudule,
조세 뻬리고Joseph Perigot 등과 함께 60여권을 출간했다. 그 덕분에 에니드 블라이튼Enyd Blyton 작
「오인클럽club des oing」의 세계를 다시 방문할 수 있었다. 그는 또한 보비 라 뽀엥뜨(Boby Lapointe),
르노(Renaud), 샤를르 트레네의 포스터와 CD재킷을 디자인 했다.
2009년에는 드노엘 그래픽(Denoel Graphic)에서 뉴욕 소설가 제롬 샤린Jerome Charyn의 소설
「*괴짜 마릴린Marilyn La Dingue*」을 만화로 발간하였다. 이들 삽도들은 2008년 여름 내내 일간지
"리베라씨옹 Liberation"에 출간 전 게재되기도 했다. 나탄Nathan 출판사의 「*백설공주*」,
바야르Bayard 출판사의 「*끌로드 로이Claude Roy*」그리고 로베르 라퐁뜨 출판사의
「*산 안토니오San Antonio*」등 최근 그의 작업은 그의 삽화가로서의 작업을 더욱 돋보이게 하고 있다.

레미 보두이 Remi Baudouï

1958년 파리에서 태어남. 파리 12대학 도시계획 인스티튜트와 파리 정치 연구소에서 수학하였다.
도시계획가이자 정치학자로서 도시의 역사, 건축, 도시계획이론을 연구하고 있다.
로스앤젤레스 게티Ghetty 재단 기금 객원 연구자로서 도시역사와 건축계획역사
분야 혁신에 기여하였고 양차 세계 대전 이후 재건, 수출된 프랑스 도시계획은 물론 도시
이론가의 논쟁, 현대 도시의 전개 양상 연구를 통해 활약하였다. 1987년 조르쥬 뽕삐두 센터에서
열렸던 르 꼬르뷔지에 탄생 100주년 기념 전시에 참여한 이후로 그의 이론과 사상 연구를 수행하였고
그의 아이디어가 현재 우리의 현대성을 이해하는데 중심점을 이루고 있다고 확신하고 세계화된
우리 지구의 복합성이 드리워져 있다고 보는 그의 개념적 영토적 작동 기계를 소개하고
그 위상을 규정하는데 힘쓰고 있다.

쟝-마르끄 떼브네 Jean-Marc Thévenet

쟝 마르끄 떼브네는 1981년부터 1984년까지 잡지 뽀엥뜨Pointe의 수석 편집장이었고,
1989년부터 1993년까지 렙도 데 사반느L'hebdo des Savanes와 월간지 마스Max에서
책임 주간을 거쳐 언론인의 길을 걷고 있다. 그 이후 프랑스2방송에서 영상매체 분야에 뛰어들었다가
1998년 만화계로 돌아와 2006년까지 앙굴렘Angouleme 국제 만화 축제 총 감독을 맡았다.
그 뒤 지금까지 르 아브르Le Havre 현대 미술 비엔날레를 총괄하고 있다.
저자로서도 수많은 에세이와 도큐멘타리 작품을 발표하였고, 출중한 시나리오 두 편
「*Pied-nikele 취급당하지 않고 어떻게 만드나?*」와 「*아메리카로 가는 길*」을 써서 플로랑스
세스딱Florence Cestac과 바루Baru 의 손을 빌어 각각 영화화, 만화영화화 하였다.
후자는 앙굴렘 만화 페스티발에서 최우수 작품상을 받았다.
2010년에는 프랑소와 부르죵Fransois Bounseon, 「*바람의 여행자*」전시와 파리 건축 역사 문화재
박물관에서 「*그려진 도시La ville dessine*」건축 전시 운영위원을 역임했다.
이 책이 출간된 시기 2010년 6월, 파리 건축 역사 박물관에서 열린 기획 전시
「*건축과 만화*」의 전시감독을 맡았다.(역주) 쟝-마르끄 떼브네는 예술과 문학 분야
슈발리에Chevalier(프랑스 레종도뇌르 5등 훈장) 수훈자이다.